"十二五"职业教育国家规划教材
经全国职业教育教材审定委员会审定

国家职业教育艺术设计（工业设计）专业
教学资源库配套教材

高等职业教育新形态一体化教材

U0269376

产品设计
手绘表现

张来源　陈宜国　陈宜人　著

CHANPIN SHEJI SHOUHUI BIAOXIAN

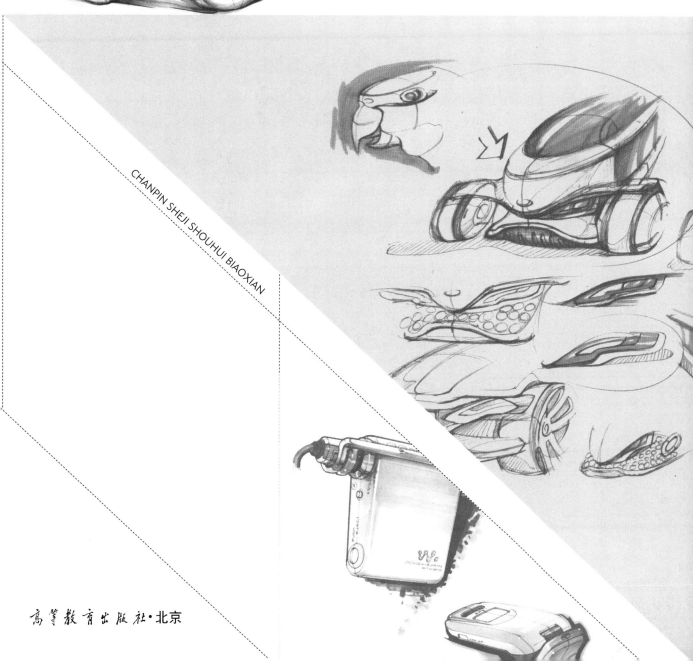

高等教育出版社·北京

内容简介

　　本书是"十二五"职业教育国家规划教材，也是国家职业教育艺术设计（工业设计）专业教学资源库配套材料。

　　本书主要内容包括认识产品手绘、材质表现、效果图绘制、实践项目、范例赏析五个部分。全书突出职业性，教学内容与岗位需要对接，培养学生的设计表现能力和沟通能力，以任务引领实施教学。部分案例配教学视频，可通过扫描书中二维码观看。

　　本书可作为高等职业院校、五年制高职院校以及应用型本科院校工业设计专业的课程教材，也可供工业设计从业者学习使用。

图书在版编目（ＣＩＰ）数据

　　产品设计手绘表现 / 张来源，陈宜国，陈宜人著.
-- 北京 ：高等教育出版社，2016.2
　　ISBN 978-7-04-044228-1

　　Ⅰ. ①产… Ⅱ. ①张… ②陈… ③陈… Ⅲ. ①产品设计 - 绘画技法 - 高等职业教育 - 教材 Ⅳ. ①TB472

　　中国版本图书馆CIP数据核字（2015）第270726号

策划编辑　季　倩		责任编辑　季　倩		封面设计　张　楠		版式设计　张　杰
责任校对　刘丽娴		责任印制　毛斯璐				

出版发行　高等教育出版社		咨询电话　400-810-0598	
社　　址　北京市西城区德外大街4号		网　　址　http://www.hep.edu.cn	
邮政编码　100120		http://www.hep.com.cn	
印　　刷　北京鑫丰华彩印有限公司		网上订购　http://www.landraco.com	
开　　本　889 mm×1194 mm　1/16		http://www.landraco.com.cn	
印　　张　6.75		版　　次　2016 年 2 月第 1 版	
字　　数　200千字		印　　次　2016 年 2 月第 1 次印刷	
购书热线　010-58581118		定　　价　35.80 元	

本书编委会

张来源　陈宜国　陈宜人　　著

陈海亚　肖彦林　钟其源　郑春光　王续锦
庄英金　李佳昌　黄丹琪　陈　馨　唐　巧　　参著

出 版 说 明

　　教材是教学过程的重要载体，加强教材建设是深化职业教育教学改革的有效途径，推进人才培养模式改革的重要条件，也是推动中高职协调发展的基础性工程，对促进现代职业教育体系建设，切实提高职业教育人才培养质量具有十分重要的作用。

　　为了认真贯彻《教育部关于"十二五"职业教育教材建设的若干意见》（教职成〔2012〕9号），2012年12月，教育部职业教育与成人教育司启动了"十二五"职业教育国家规划教材（高等职业教育部分）的选题立项工作。作为全国最大的职业教育教材出版基地，我社按照"统筹规划，优化结构，锤炼精品，鼓励创新"的原则，完成了立项选题的论证遴选与申报工作。在教育部职业教育与成人教育司随后组织的选题评审中，由我社申报的1 338种选题被确定为"十二五"职业教育国家规划教材立项选题。现在，这批选题相继完成了编写工作，并由全国职业教育教材审定委员会审定通过后，陆续出版。

　　这批规划教材中，部分为修订版，其前身多为普通高等教育"十一五"国家级规划教材（高职高专）或普通高等教育"十五"国家级规划教材（高职高专），在高等职业教育教学改革进程中不断吐故纳新，在长期的教学实践中接受检验并修改完善，是"锤炼精品"的基础与传承创新的硕果；部分为新编教材，反映了近年来高职院校教学内容与课程体系改革的成果，并对接新的职业标准和新的产业需求，反映新知识、新技术、新工艺和新方法，具有鲜明的时代特色和职教特色。无论是修订版，还是新编版，我社都将发挥自身在数字化教学资源建设方面的优势，为规划教材开发配备数字化教学资源，实现教材的一体化服务。

　　这批规划教材立项之时，也是国家职业教育专业教学资源库建设项目及国家精品资源共享课建设项目深入开展之际，而专业、课程、教材之间的紧密联系，无疑为融通教改项目、整合优质资源、打造精品力作奠定了基础。我社作为国家专业教学资源库平台建设和资源运营机构及国家精品开放课程项目组织实施单位，将建设成果以系列教材的形式成功申报立项，并在审定通过后陆续推出。这两个系列的规划教材，具有作者队伍强大、教改基础深厚、示范效应显著、配套资源丰富、纸质教材与在线资源一体化设计的鲜明特点，将是职业教育信息化条件下，扩展教学手段和范围，推动教学方式方法变革的重要媒介与典型代表。

教学改革无止境，精品教材永追求。我社将在今后一到两年内，集中优势力量，全力以赴，出版好、推广好这批规划教材，力促优质教材进校园、精品资源进课堂，从而更好地服务于高等职业教育教学改革，更好地服务于现代职教体系建设，更好地服务于青年成才。

高等教育出版社

2015 年 8 月

前　言

　　"产品设计表现"课程培养工业设计专业学生设计基本职业技能。本书的内容经过广州番禺职业技术学院产品造型设计专业多年积累、试用,紧扣当前我国"产品设计"(或称"工业设计")专业的教学实际情况及该专业的学生学习情况,在总结了大量教学经验的基础上,以理论和实例相结合,以课堂教学案例和企业实际设计项目为引领,深入浅出,循序渐进,对"产品设计手绘表现"这一基本职业技能进行深入的讲解和剖析,旨在为广大"产品设计"专业的学子提供学习的参考,提高其基本职业技能。

　　本书由广州番禺职业技术学院张来源、陈宜国、陈宜人著,产品设计师陈海亚、肖彦林、钟其源、郑春光、王续锦、庄英金、李佳昌、黄丹琪、陈馨、唐巧参与了本书的写作。本书的写作参阅了大量的文献和相关资料,并吸取了其中许多精髓部分,在此对文献作者表示衷心的感谢!也特别感谢在本书编写过程中提供大量参考意见的各位专家、教授和一线教师!

著　者

2015 年 8 月

目 录

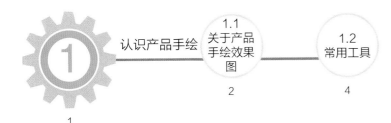

① 认识产品手绘 1.1 关于产品手绘效果图 1.2 常用工具

1

2 4

② 材质表现 2.1 玻璃与陶瓷 2.2 木材 2.3 金属 2.4 塑料 2.5 皮革 2.6 布料

9

10 12 14 16 18 20

③ 效果图绘制 3.1 作图步骤 3.2 细节处理 3.3 整体气氛表达

23

24 30 36

4 实践项目

39

5 范例赏析

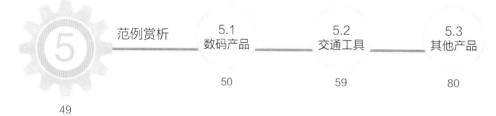

5.1
数码产品

50

5.2
交通工具

59

5.3
其他产品

80

49

参考文献

94

后记

95

认识产品手绘

1.1
关于产品手绘效果图

1.2
常用工具

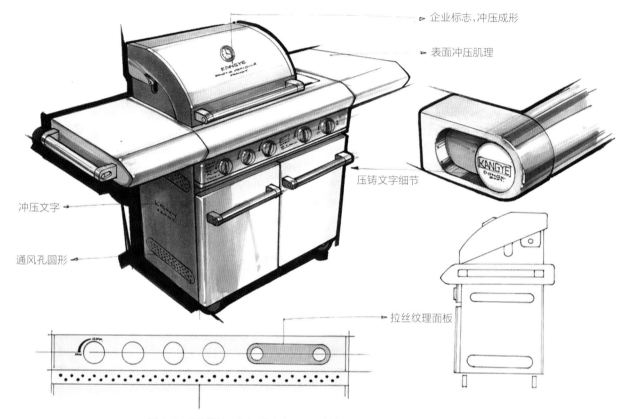

企业标志,冲压成形

表面冲压肌理

压铸文字细节

冲压文字

通风孔圆形

拉丝纹理面板

图 1-1　烤炉设计　作者:陈宜人　工具:针管笔、马克笔　材料:复印纸

1.1　关于产品手绘效果图

　　产品手绘,是指产品设计环节的手工绘画,也可以称为徒手绘画,旨在短时间内表现产品形状、体积、空间、透视、质感关系等。产品手绘是通过手工绘画实现传达设计意图的过程,产品手绘实际上是一种简化了的概念化语言。手绘通常是设计初衷和设计思路的体现,能及时捕捉设计者瞬间的思想火花,与设计创意同步。

　　在产品造型设计的初始阶段,设计师首先从市场调研入手,分析现有的资料后进入头脑风暴阶段。在头脑风暴的过程中通过手绘的方式表达出产品造型并进行深入的探究分析,对产品形态不断地改进升级,直到产品可以进入现实生产阶段(图 1-1)。

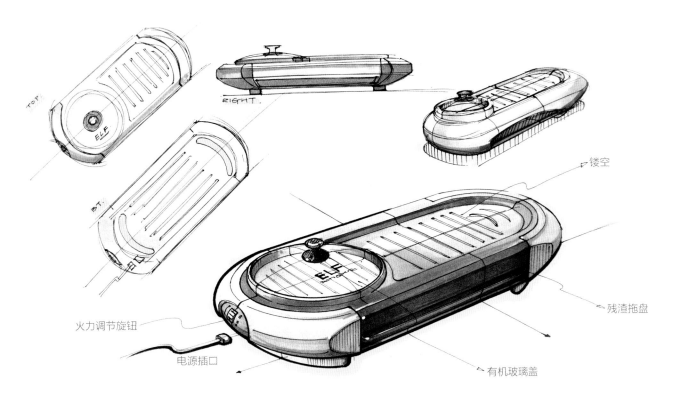

火力调节旋钮

电源插口

镂空

残渣拖盘

有机玻璃盖

图1-2 电烤炉 作者:陈宜国 工具:针管笔、马克笔 材料:复印纸

　　产品手绘最直接的作用就是帮助产品设计师在最短的时间内将自己的创意构想完整地表达出来,是一名产品设计师必备的专业技能。它不仅能准确地表达产品设计师的设计构思,还能反映一个产品设计师的艺术修养、创造个性和创造能力。

　　此外,由于手绘的可调整性比较强,设计师可以通过线条的调整去快速把自己的设计构想进行整体的调整,达到快速有效地解决整体性问题和外形比例问题的目的(图1-2)。

图 1-3　各类工具笔

1.2　常用工具

(1) 工具笔的描述(图 1-3)

圆珠笔

　　圆珠笔的线条表现力比较强,其笔锋灵活多变,容易掌握轻重,是产品手绘较容易掌握的工具之一。

炭铅笔

　　炭铅笔是产品手绘常用的工具之一,其笔锋坚挺,刚硬有力,适用于绘画较硬朗的物体轮廓。

针管笔

　　针管笔线条细腻均匀,干净利落,表现力相对于炭铅笔较弱一些,但在勾勒物品外轮廓或表现物品结构时针管笔可以展现出其无限的艺术魅力。

钢笔

　　钢笔的线条表现形式和艺术感染力远胜于铅笔、圆珠笔等其他硬笔,因为钢笔的笔尖富有弹性,写出的笔画有粗细、轻重之分,在绘制产品手绘草稿时,能够赋予物体形体结构无限的生命力。

马克笔

马克笔又称麦克笔,有单头和双头之分,双头笔的两端分别为粗笔和细笔。马克笔能迅速地表达效果,是产品手绘中快速表达设计构思、绘制设计效果图运用最广泛的工具之一。

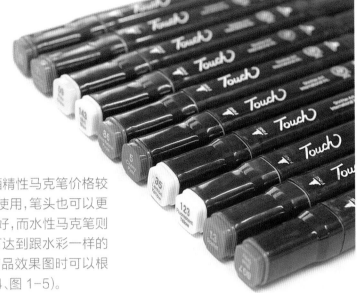

马克笔的墨水分酒精、油性、水性三种,酒精性马克笔价格较高,但其墨水色彩比较好,可以多次加入墨水使用,笔头也可以更换。油性马克笔快干、耐水、而且耐光性相当好,而水性马克笔则颜色亮丽、透明,用沾水的毛笔在上面涂抹可达到跟水彩一样的效果。有些水性马克笔干后耐水。在绘制产品效果图时可以根据物体材质的不同选择合适的马克笔(图 1-4、图 1-5)。

图 1-4　马克笔

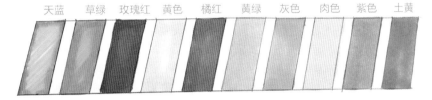

图 1-5　马克笔色彩校对

图 1-6　色粉笔

色粉笔

色粉笔是一种用颜料粉末制成的干粉笔,一般为 8~10 cm 长的圆棒或方棒。其特性是颜色极其丰富多彩,质感细腻,易于涂抹和修改(图 1-6)。

彩色铅笔

　　彩色铅笔(简称彩铅)是一种非常容易掌握的涂色工具,画出来的效果以及使用方法都类似于铅笔。彩铅颜色多种多样,绘画效果较淡,清新简单,大多可用橡皮擦除,有透明度和色彩度,在各类型纸张上使用时都能均匀着色,流畅描绘,笔芯不易从芯槽中脱落。由于这些优越特性,彩铅成为产品手绘中运用较为广泛的工具之一(图 1-7、图 1-8)。

图 1-7　彩色铅笔

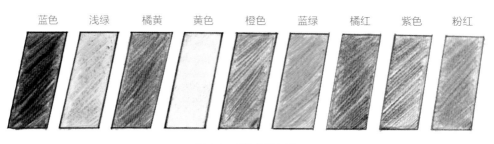

图 1-8　彩色铅笔色彩

图 1-9　牛皮纸

图 1-10　复印纸

(2) 纸的描述

牛皮纸

　　牛皮纸强度很高,通常呈黄褐色或淡褐色。在牛皮纸上绘出的产品手绘效果图具有强烈的艺术感染力,其画面细腻柔软,色调柔和,视觉舒适(图1-9)。

复印纸

　　复印纸是产品手绘中运用比较广泛的材料之一,其表面光滑细腻,非常适合圆珠笔、针管笔和钢笔等的线条勾画和马克笔、彩色铅笔的上色,能较好、较快地表现物品的各种质感和效果(图1-10)。

材 质 表 现

| 2.1 玻璃与陶瓷 | 2.2 木材 | 2.3 金属 | 2.4 塑料 | 2.5 皮革 | 2.6 布料 |

图 2-1　陶瓷

2.1　玻璃与陶瓷

　　玻璃：玻璃的原材料是一种透明的半固体、半液体物质，在熔融时形成连续网络结构，冷却过程中黏度逐渐增大并硬化而不结晶，是一种硅酸盐类非金属材料。普通玻璃的化学氧化物组成 ($Na_2O \cdot CaO \cdot 6SiO_2$)，主要成分是二氧化硅。玻璃广泛应用于建筑物，用来隔风透光。另有混入了某些金属的氧化物或者盐类而显现出颜色的有色玻璃，和通过特殊方法制得的钢化玻璃等。有时把一些透明的塑料（聚甲基丙烯酸甲酯）也称作有机玻璃。

　　陶瓷：陶瓷原料由黏土经过萃取而成。黏土的性质具韧性，常温遇水可塑，微干可雕，全干可磨；烧至700℃可成陶器；烧至 1 230℃则瓷化，可几乎完全不吸水且耐高温、耐腐蚀。由于陶瓷材料所具有的这种弹性，它在今天的科技中有各种创新应用（图2-1）。

玻璃效果表现

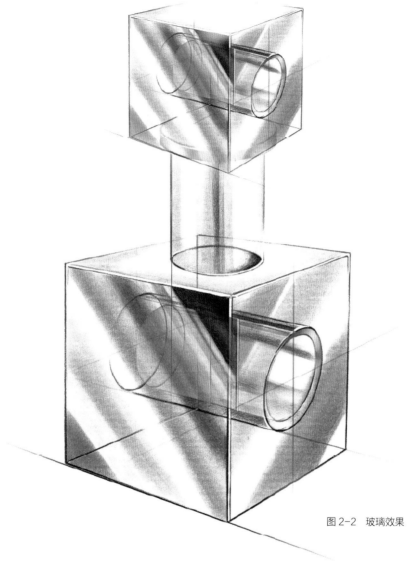

图 2-2　玻璃效果

玻璃、陶瓷效果

　　玻璃分为透明玻璃、半透明玻璃和不透明玻璃三种。在表现透明和半透明的质感时,可抓住阴影和高光两大要点部位来刻画,先用马克笔画出阴影的部位,然后以柔和的笔触表现玻璃的轮廓,注意刻画好高光,可直接留白或通过修改液点涂;此外,玻璃的反射和折射部位也是体现玻璃质感的重要部位。在整个玻璃材质的表现过程中,都要把握好透明效果的表现(图 2-2)。

图 2-3　木材和木椅

2.2　木材

　　木材泛指用于工业和建筑的木制材料,常被统分为软材和硬材(图 2-3)。工程中所用的木材主要取自树木的树干部分。木材因获取和加工容易,自古以来就是一种主要的工业和建筑材料。树干由树皮、韧皮部(形成层)、木质部(即木材)和髓心组成。从树干横截面的木质部分可看到环绕髓心的年轮。每一年轮一般由两部分组成:色浅的部分称早材(春材),是在生长季节早期所生长,细胞较大,材质较疏;色深的部分称晚材(秋材),是在生长季节晚期所生长,细胞较小,材质较密。

木材效果表现

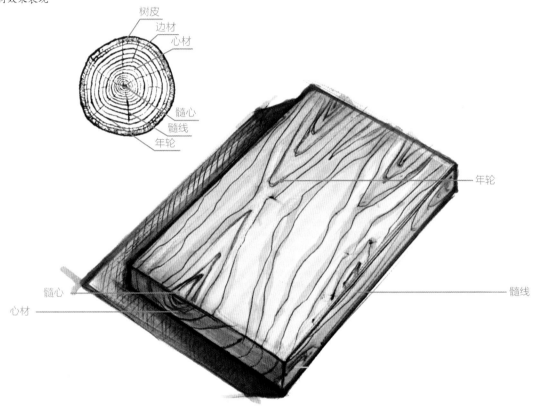

图 2-4　木材效果　作者:唐巧　工具:针管笔、马克笔　材料:复印纸

木材效果

　　木材是产品设计中一个比较特殊的材质,其固有色变化丰富,反光较弱。在表现此类材质时要充分考虑其固有色和材质纹理效果的刻画,处理木材的色阶可按照由淡到深的步骤均匀过渡,把物体的光影表达准确后,再在此基础上描绘其固有纹路(图 2-4)。

图 2-5　金属制品

2.3　金属

金属是一种具有光泽（即对可见光强烈反射）、富有延展性、容易导电导热的物质（图 2-5）。

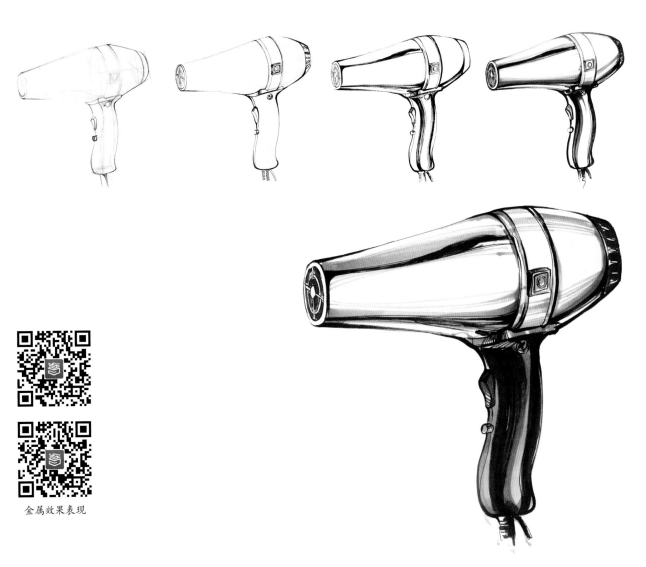

图 2-6　电吹风　作者:唐巧　工具:针管笔、马克笔　材料:复印纸

金属效果表现

金属效果

　　金属材质的特点是高光亮、调子反差强、放光明显。在表现金属质感时,可先用较浅的颜色按光线在金属表面上的走向排布马克笔笔触;然后加深背光和阴影部位的色彩,注意将高光部位预留准确;最后根据周围环境的颜色,适当画上相应的环境反射色(图 2-6)。

图 2-7　塑料制品

2.4　塑料

塑料是以单体为原料,通过加聚或缩聚反应聚合而成的高分子化合物 (macromolecules),也称树脂 (图 2-7)。

塑料效果表现

图 2-8　吸尘器　作者:陈宜人　工具:针管笔、马克笔　材料:复印纸

塑料效果

　　塑料有很多分类,但其共同的质感都是比较柔和的,在表现塑料质感时,我们可以参照表达玻璃效果的步骤,采取均匀排笔的方法上色,注意把受光部分预留准确(图 2-8)。

图 2-9　皮革制品

2.5　皮革

　　皮革是经脱毛和鞣制等物理、化学加工所得到的,已经变性、不易腐烂的动物皮。革是由天然蛋白质纤维紧密编织构成的,其表面有一种特殊的粒面层,具有自然的粒纹和光泽,手感舒适(图 2-9)。

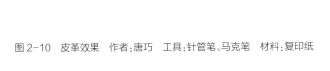

图2-10　皮革效果　作者:唐巧　工具:针管笔、马克笔　材料:复印纸

皮革效果

　　皮革介于高光、反光和亚光材料之间,是所有工业产品材料里面相对难以表现的材料。由于其材质的特殊性,在表现皮革效果时,对于皮质较粗糙的表面,可用稍微均匀厚重的颜色,注意纹理的刻画;对于相对光滑的表面,则可以丰富色彩及明暗层次的变化,表现出环境对它的影响。

　　此外,皮革属性的表现也很关键。皮革是柔软、有弹性的材料,产生的高光弱,一般没有尖锐的转角,我们在绘制皮革效果时还需要适当区分皮革的粗糙度、表面肌理的粗细、纹路和缝纫线的变化走向,这样才能充分体现出皮革的特征(图2-10)。

图 2-11　布料

2.6　布料

布料是装饰材料中常用的材料,包括化纤地毯、无纺壁布、亚麻布、尼龙布、彩色胶布、法兰绒等。布料在装饰陈列中起很大的作用,常常是整个销售空间中不可忽视的主要元素。大量运用布料进行墙面面饰、隔断以及背景处理,同样可以形成良好的商业空间展示风格(图 2-11)。

图 2-12 布料效果 作者:唐巧 工具:针管笔、马克笔 材料:复印纸

布料效果

布料质感比较柔软,部分种类的布料比较粗糙,其共同的特征就是有编织纹和缝纫纹。在绘制布料效果时,可以参照皮革的表现手法,把这些特征表现出来以便达到效果(图 2-12)。

效果图绘制

3.1
作图步骤

3.2
细节处理

3.3
整体气氛
表达

3.1 作图步骤

(1) 构图

　　构图是指组建画面中物体的位置关系，应遵循美学原则进行。构图的原则是明确主题，突出主体和简化画面。这个概念来自绘画。在绘画产品手绘时根据题材和主题思想的要求，把要表现的形象适当地组织起来，构成一幅协调完整的画面（图3-1）。

　　在构图上体现美感的方法很多，如将点、线、面放置于画面中恰当的位置。构图的方式有很多，如利用黄金分割、三角构图等，只要你的构图恰到好处地表现了你的思想，在视觉上又富有美感，就是成功的构图。构图是没有规则的，也可以说打破规则就是规则。

图3-1　形态的构思过程　作者：陈宜国　工具：炭铅笔、马克笔　材料：复印纸

　　在产品手绘的构图过程中，我们需要注意以下几点：
　　① 选择能最大限度地展现产品主要特征和细节的视角进行构图；
　　② 构成画面的物体主次分明，突出主要物体；
　　③ 物体的摆放错落有致，营造最具有空间美感的视觉效果。

(2) 透视

　　立体是由平面围成的,因此立体形的透视图可视为是绘制构成立体的各平面形状的透视。如果立体形的各表面又是由直线段围成,那么立体形的透视实质上就是绘制立体形上的主要线、主要点的透视(图 3-2)。

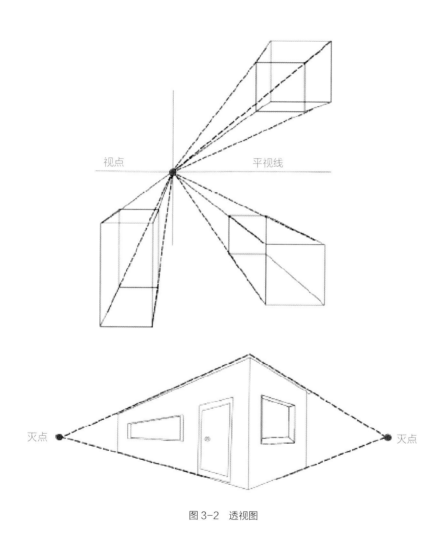

图 3-2　透视图

　　在产品手绘中,透视准确与否至关重要。除了透视要准确外,我们还需要准确地把握透视的视角和程度。一般遵循以下原则:
　　① 有利于展示产品比例;
　　② 具有一定视觉冲击力、能引起欣赏者的兴趣;
　　③ 透视程度适当,不夸张也不过于拘谨。

(3) 线稿

线稿能具体表现产品的造型结构,快速构思设计方案,能够使设计者在初步的预想中通过分析和比较来推敲设计构思,对产品的形态与功能进行斟酌,最终形成最优的设计方案。这个过程中,线稿图起着关键的作用(图 3-3)。

图 3-3 汽车表现   作者:陈宜国   工具:炭铅笔   材料:复印纸

在产品手绘中,线又可以分为辅助线、结构线、断面线和外轮廓线四类。辅助线的作用主要在于帮助确定产品的基本轮廓、确定构图位置、展示角度和透视关系;结构线的作用是明确产品的形态结构和转折关系;断面线的作用是确定产品生产操作过程中的开模位置;外轮廓线的作用是决定产品的基本形态。

(4) 上色

　　色彩是产品设计效果图中重要的元素。在快速的手绘设计表现过程中,色彩往往被意向化,主要强调色彩的倾向性。要注意色调整体关系、色彩对比关系和色彩的主次关系。

　　上色步骤如图3-4。

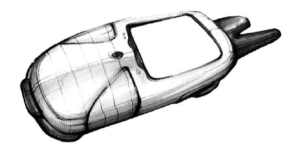

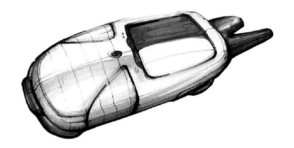

步骤1:在反复推敲设计构思的基础上,先用线条勾勒出外轮廓线和结构线,注意把透视和结构形体关系勾画准确,再在外轮廓的基础上进行深入刻画其中的细节部分,可以多画辅助线以确定物体的透视和形体结构关系。绘出产品整体断面线,画出产品的细节。

步骤2:从暗部开始着色,先用较浅的颜色铺出产品的颜色倾向和结构光影关系,注意统一光源。

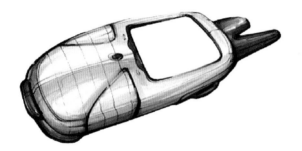

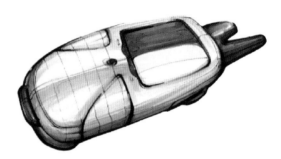

步骤3:在颜色倾向清晰的基础上用灰色系的颜色加深暗部,再用同色系的颜色增加结构和光影的层次关系。深入刻画并概括塑造产品的体积感。整体加重产品的色彩,完善产品各个部位的体积感。

步骤4:加重产品细节暗部及接缝处等部位,明确产品的结构转折关系,注意留出反光部分。

上色步骤

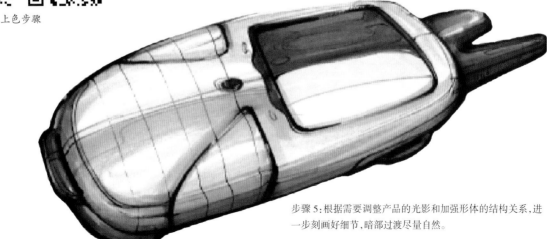

步骤5:根据需要调整产品的光影和加强形体的结构关系,进一步刻画好细节,暗部过渡尽量自然。

图3-4　上色步骤

图 3-5 汽车表现 作者:陈宜国 工具:炭铅笔、马克笔 材料:复印纸

(5) 阴影

阴影是指产品的投影。产品投影的作用一是辅助说明主体形态;二是用阴影形成的块面与表达产品形体的线条产生疏密对比,增强画面视觉表现力;三是增强产品的空间感和厚重感。初学者应注意的是,同一幅画中阴影方向务必保持一致,这样才能使画面光源统一,形成舒适的视觉效果(图 3-5)。

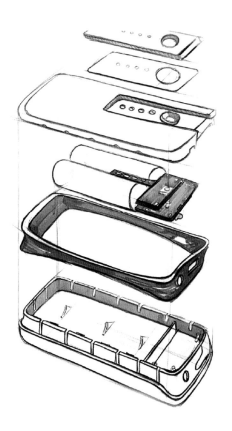

（6）爆炸图

爆炸图也叫装配图，主要用于说明产品内部的零件和外壳之间的关系，通常也作为工程与机构设计的参考(图3-6)。

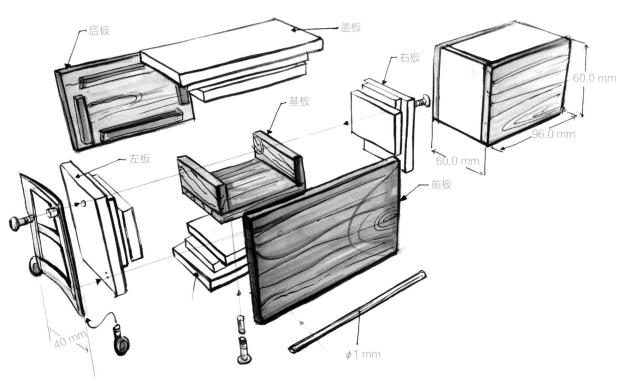

图3-6　爆炸图表现　作者:陈宜国　工具:针管笔、马克笔　材料:复印纸

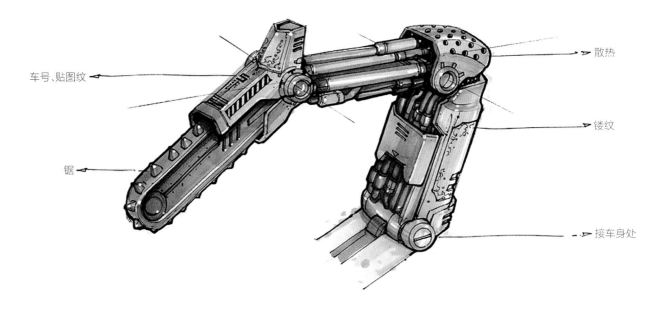

车号、贴图纹

散热

锯

镂纹

接车身处

图 3-7   机械手   作者:陈宜国   工具:针管笔、马克笔   材料:复印纸

3.2 细节处理

    产品手绘效果图中的细节是指物体上的细小部件,细节的刻画即是对物体细小部件进行系统生动的描绘,增强产品的直观性和感染力。常言说:"细节决定成败",一张完整的产品手绘效果图中,细节的刻画非常关键,这是丰富画面的重要环节,更是表达设计构想必不可少的部分。没有细节刻画的产品手绘是不完整的,也是没有意义的。

    在刻画产品细节时,我们需要放慢绘图的节奏,落笔严谨精确、干净利落,切勿粗绘滥画。细节刻画的关键在于把形体透视和结构关系表达清楚,不能有所含糊(图 3-7)。

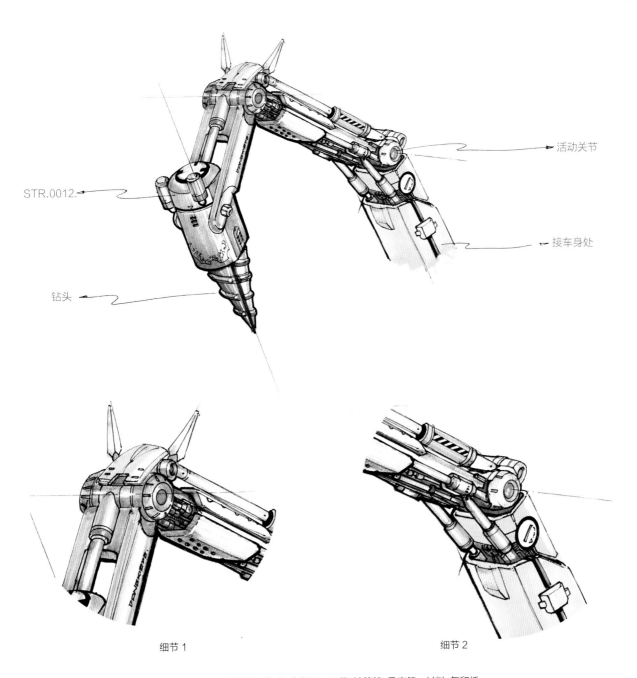

STR.0012.

活动关节

接车身处

钻头

细节 1　　　　　　　　　　　　　细节 2

图 3-8　机械手　作者:陈宜国　工具:针管笔、马克笔　材料:复印纸

(1) 结构细节

　　结构细节繁琐而复杂,结构零件往往比较细小,物件与物件之间也很紧凑。因此在刻画结构细节时需要严谨细心。除了要把细小部件的体积和光影等基本的要素刻画好之外,还应注重表达清楚其部件之间的穿插关系。一般来说,线条在表达细小部件之间的穿插关系上能够起到很关键的作用,通过线条的穿插把细小部件之间的穿插关系表达清楚,让人一目了然(图 3-8)。

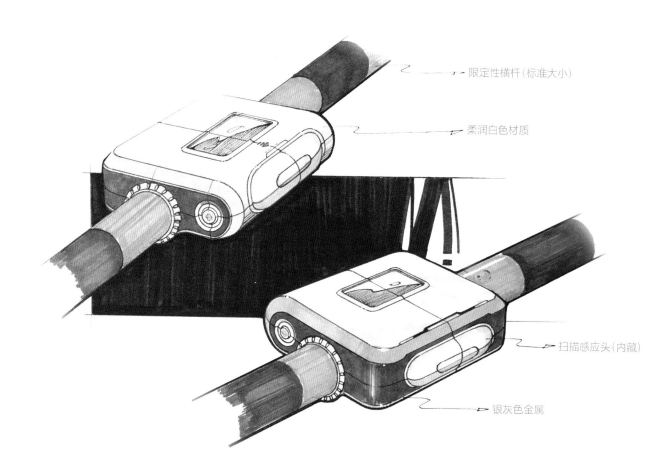

限定性横杆(标准大小)

柔润白色材质

扫描感应头(内藏)

银灰色金属

图 3-9　材质细节表现　作者:肖彦林　工具:针管笔、马克笔　材料:复印纸

(2) 材质细节

　　一款产品一般不会只由一种材质构成,故在表现产品手绘时务必注意区分不同产品部件的材质,对于一些细小的部件需要认真刻画(图 3-9),避免与其他不同的材质混为一体,造成后续环节的错误。

（3）细节案例

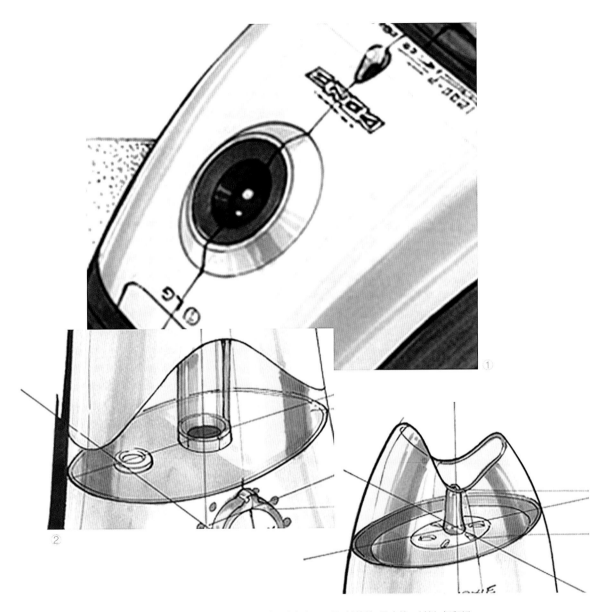

图 3-10　材质细节案例　作者:陈宜人　工具:针管笔、马克笔　材料:复印纸

　　图 3-10 ①中的摄像头与外壳之间的质感区分得非常明显。需要注意的是摄像头的高光部分务必要认真刻画,这是表现摄像头外层玻璃质感的关键部位。此外,还要注意观察摄像头与外壳之间的不同笔触。摄像头部分用笔细腻、晶莹剔透,而外壳则用笔干脆利落、毫不含糊。

　　而图②中表现的主要是透明的塑料部件与不透明的塑料部件之间的对比效果。在表现透明的塑料质感时需要干脆明快与细腻柔和的笔触结合并用,同时也要兼顾好光影关系。

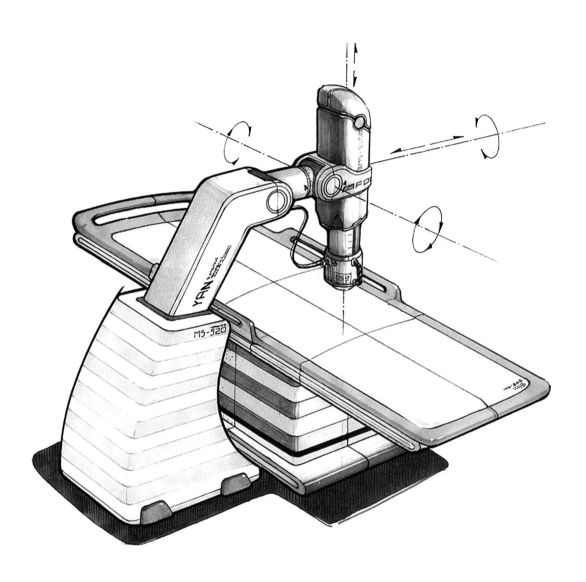

图 3-11　医疗器械　作者:陈宜国　工具:针管笔、马克笔　材料:复印纸

　　图 3-11 这张手绘的细节在于旋转的节点和部件的刻度、商标等部分,因为这是产品的功能部件,需要精确地将其表达清楚。

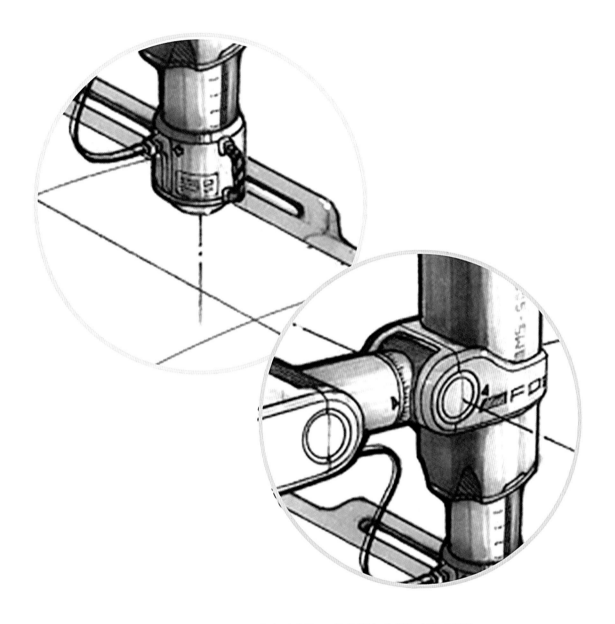

图 3-12　医疗器械细节　作者:陈宜国　工具:针管笔、马克笔　材料:复印纸

　　在刻画这个产品的细节时(图 3-12),我们要注意表达清楚其转动关节部分的结构关系。结构和形体关系描绘清楚后,再进一步完善更精细的刻度、文字等元素。

3.3　整体气氛表达

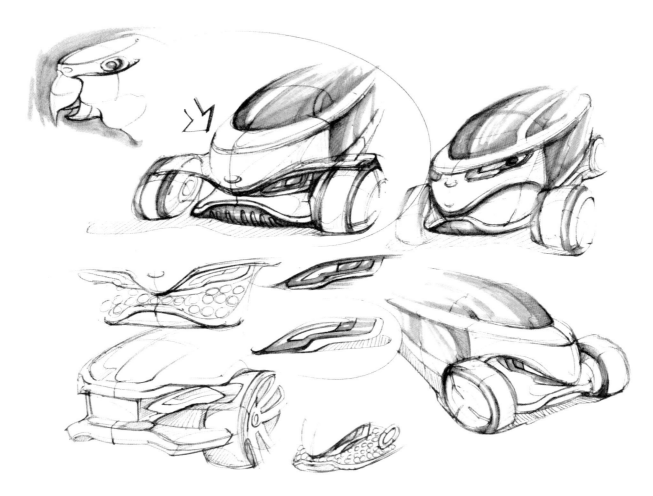

图3-13　概念汽车　作者:陈宜国　工具:炭铅笔、马克笔　材料:复印纸

（1）范例1

　　营造画面氛围的手法有很多,例如多角度展示产品的形体结构,适当描绘产品的不同使用场景、不同的使用状态、不同的使用方式等。

　　仿生是产品设计中常用的手法之一,在图3-13手绘效果图中,设计师在表达自己的仿生设计构思时,连带自己的灵感来源物品一并画出以达到最佳表达效果,营造了良好的画面氛围,使欣赏者对设计师的构想一目了然。

图 3-14   概念汽车   作者:陈宜国   工具:炭铅笔、马克笔   材料:复印纸

(2) 范例 2

有时候对于一些大的或者复杂的产品,很难用一个角度就将其完整地呈现在人们的眼前。此时可以以一个能较好表现物体大体形态的角度为绘画的主体,在其周边铺以其他角度的简单描绘,以达到完整地呈现产品设计构想的目的,营造出良好的画面氛围。图 3-14 这幅手绘作品正是运用了这种手法。

实 践 项 目

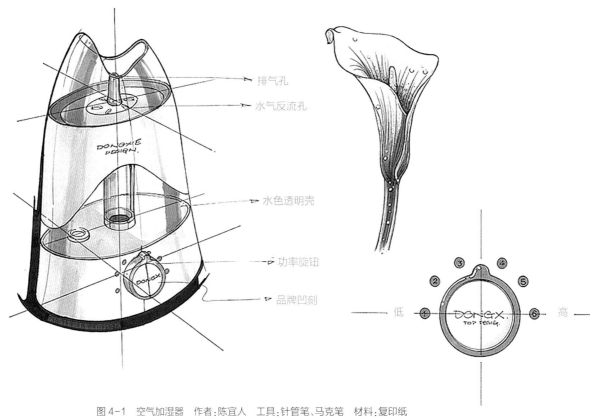

图 4-1　空气加湿器　作者:陈宜人　工具:针管笔、马克笔　材料:复印纸

(1) 空气加湿器项目说明

空气加湿器近几年的发展速度非常迅猛,特别在女性市场,唯美的造型是吸引消费者的决定性因素。此款空气加湿器设计的灵感来源于人们所钟爱的花卉马蹄莲,整个设计曲线非常优美,简洁大方,无论是大造型还是小部件都非常精致,以黄色为主调,辅之以亮丽的白色给人一种安全、温馨的视觉感受(图 4-1)。

效果展示

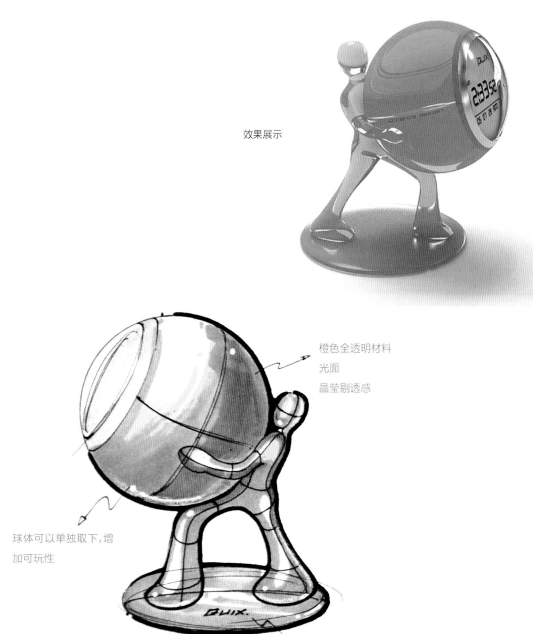

效果展示

橙色全透明材料

光面

晶莹剔透感

球体可以单独取下,增
加可玩性

商标(黑色、丝印)

图 4-2　创意闹钟(方案一)　作者:陈宜国　工具:针管笔、马克笔　材料:复印纸

(2) 创意闹钟项目说明

随着手机等数码产品迅速发展,传统闹钟的形态和功能均已不能满足人们的需求。或许只有打破传统的造型设计,加之以顺应时代潮流的新技术才有可能适应用户的需求。这款闹钟的设计打破了传统闹钟呆板的造型,以幽默的设计造型在博君一笑之余赋予了闹钟现代感,时尚、精致又好玩(图 4-2)。

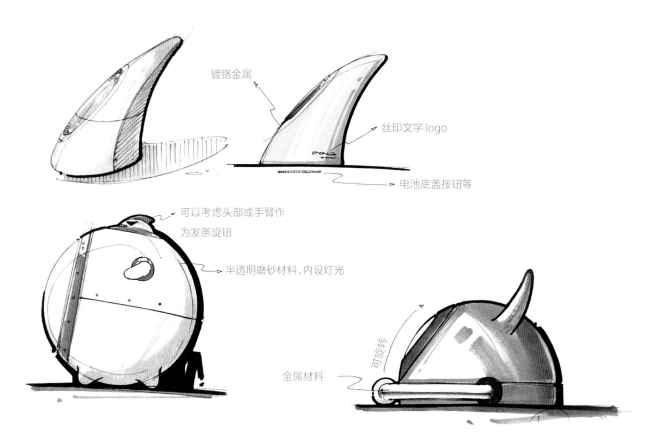

图 4-3　创意闹钟(方案二、方案三)　作者:陈宜国　工具:针管笔、马克笔　材料:复印纸

镀铬金属

丝印文字 logo

电池底盖按钮等

可以考虑头部或手臂作为发条旋钮

半透明磨砂材料,内设灯光

可旋转

金属材料

　　这两款闹钟的设计与前一款在造型上有很大的区别,但仍不改幽默风趣的风格,时尚简洁与精致唯美兼备。这也是深圳无量设计有限公司一直秉承的设计原则(图 4-3、图 4-4)。

图 4-4　闹钟效果展示

效果展示

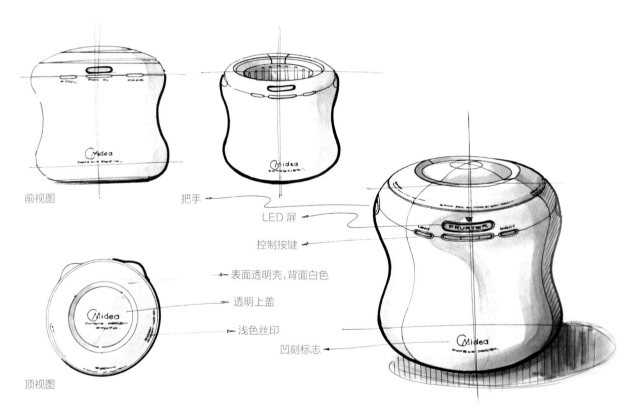

前视图

把手
LED屏
控制按键
表面透明壳,背面白色
透明上盖
浅色丝印
凹刻标志

顶视图

图4-5 "美的"洗水果机 作者:陈宜国 工具:针管笔、马克笔 材料:复印纸

(3) 洗水果机项目说明

家电的造型千变万化,但都遵循着同样的设计原则:造型唯美、简洁、大方,给人安全、洁净、实用的视觉感受。这款洗水果机恰到好处地遵循了这个原则(图4-5)。

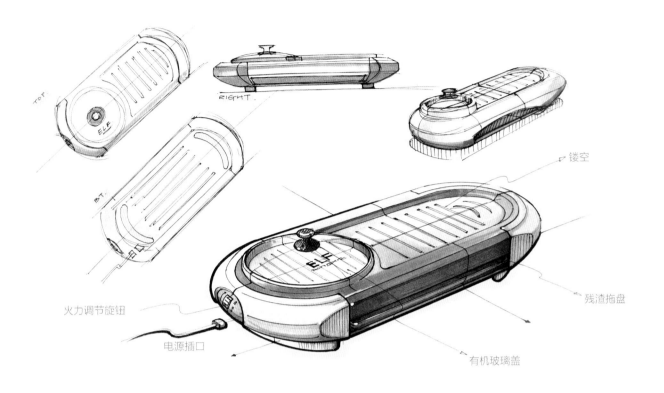

镂空

残渣拖盘

火力调节旋钮

电源插口

有机玻璃盖

效果展示

图 4-6　电烤炉　作者:陈宜国　工具:针管笔、马克笔　材料:复印纸

(4) 电烤炉项目说明

在这里需要说明的是,很多时候我们绘画出来的手绘效果图与 3D 效果图会有相当大的区别,所以我们在设计的过程中还需要适当地对自己的设计进行修改(图 4-6)。

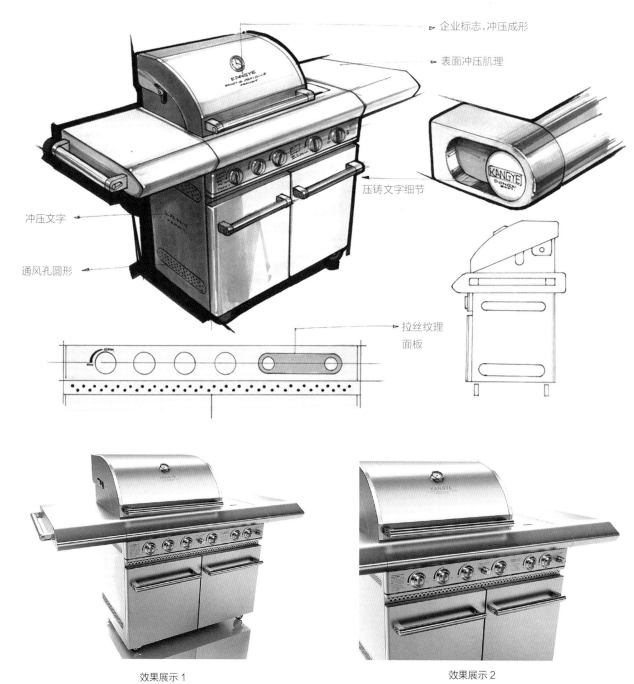

企业标志,冲压成形

表面冲压肌理

压铸文字细节

冲压文字

通风孔圆形

拉丝纹理
面板

效果展示 1　　　　　　　　效果展示 2

图 4-7　"康业"烤炉设计　作者:陈宜国　工具:针管笔、马克笔　材料:复印纸

(5) 厨具项目说明

　　图 4-7 是一款厨具设计图,整个设计简约大方,从柔美的设计曲线到精致的外观造型无不给人一种安全整洁的视觉感受。

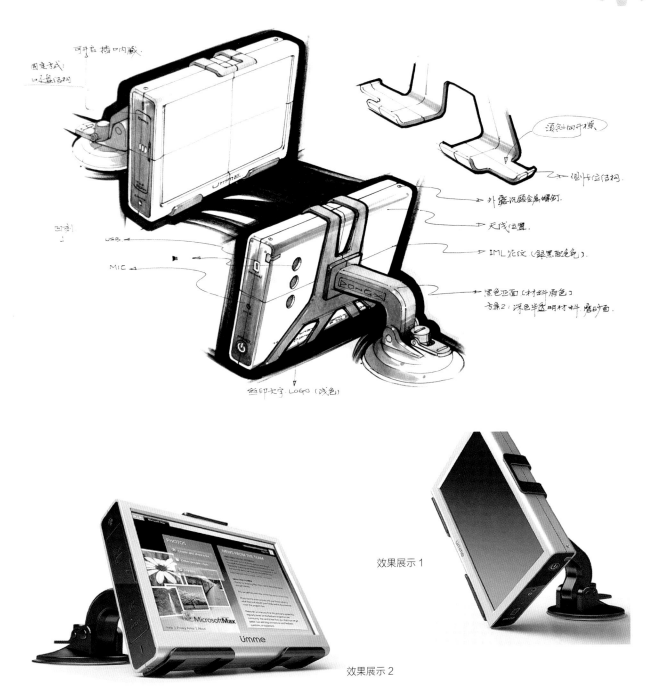

图 4-8 GPS 导航仪 作者:陈宜国 工具:针管笔、马克笔 材料:复印纸

(6) GPS 导航仪项目说明

随着手机导航功能的迅猛发展,GPS 导航仪市场受到了前所未有的考验和挑战,在不断提升导航仪功能的同时外形的设计也需要不断创新,以跟上时尚潮流。在这款产品的造型设计上,虽然各设计师分工不同,但他们的协同工作使整个产品部件协调一致,造型复杂却精致(图 4-8)。

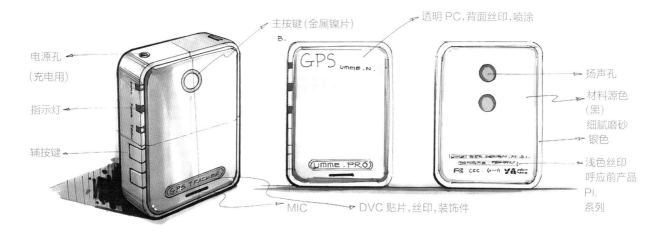

电源孔
(充电用)

指示灯

辅按键

主按键(金属镍片)

透明 PC,背面丝印,喷涂

GPS umme . N .

umme . PRO

扬声孔

材料源色
(黑)
细腻磨砂

银色

浅色丝印
呼应前产品
PI.
系列

MIC

DVC 贴片,丝印,装饰件

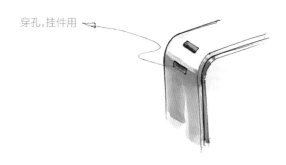

穿孔,挂件用

图 4-9　GPS 定位器　作者:陈宜国　工具:针管笔、马克笔　材料:复印纸

效果展示

(7) GPS 定位仪项目说明

在此款产品面世前,GPS 定位器还是一个比较传统的造型,但这款设计给 GPS 定位器带来了全新的设计理念,打破了传统的设计思维,给消费者带来了全新的造型概念(图 4-9)。

范 例 赏 析

5.1
数码产品

5.2
交通工具

5.3
其他产品

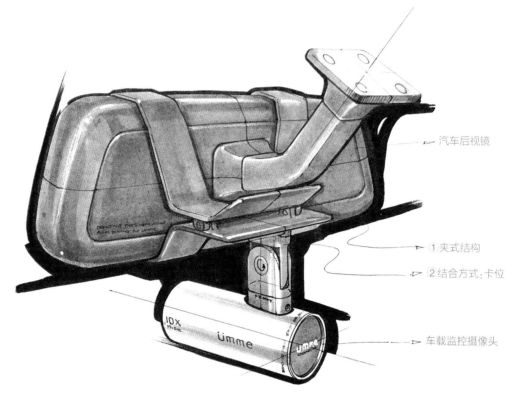

汽车后视镜

①夹式结构

②结合方式:卡位

车载监控摄像头

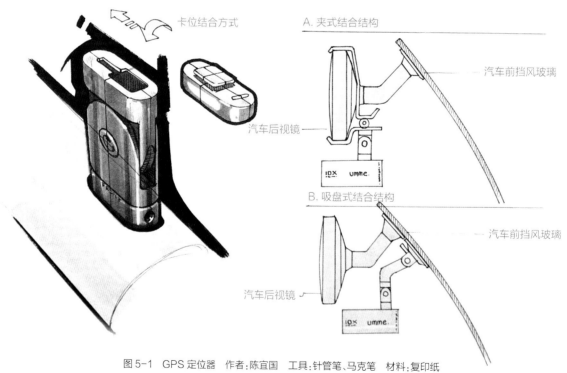

卡位结合方式

A. 夹式结合结构

汽车前挡风玻璃

汽车后视镜

B. 吸盘式结合结构

汽车前挡风玻璃

汽车后视镜

图5-1 GPS定位器 作者:陈宜国 工具:针管笔、马克笔 材料:复印纸

5.1 数码产品

大部分的数码产品的主要材质都是塑料,辅之以部分金属或其他材料。在绘制数码产品时要注意区分同一产品上不同材质部件的不同质感表现(图5-1)。

图5-2　手机表现　作者:肖彦林　工具:彩色铅笔、马克笔　材料:复印纸

　　对于手机、录像机一类小而精细的数码产品,在绘画时需要严谨、精确,注意细节的刻画,尽量减少多余的
线条。注意其结构的微妙变化,在勾画线条时注意线条的轻重强弱和刚柔的变化,在上色时多用严谨笔触,避
免形体松散(图5-2至图5-10)。

图 5-3　数码产品表现　作者:陈宜国　工具:针管笔、马克笔　材料:复印纸

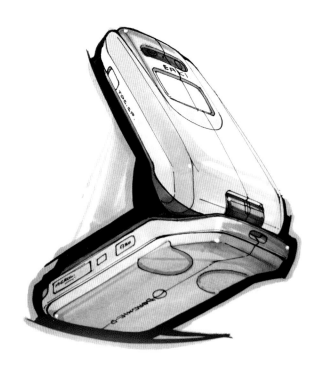

图 5-4　手机表现　作者:陈海亚　工具:针管笔、马克笔　材料:复印纸

图 5-5　手机表现　作者:陈宜国　工具:圆珠笔、马克笔　材料:复印纸

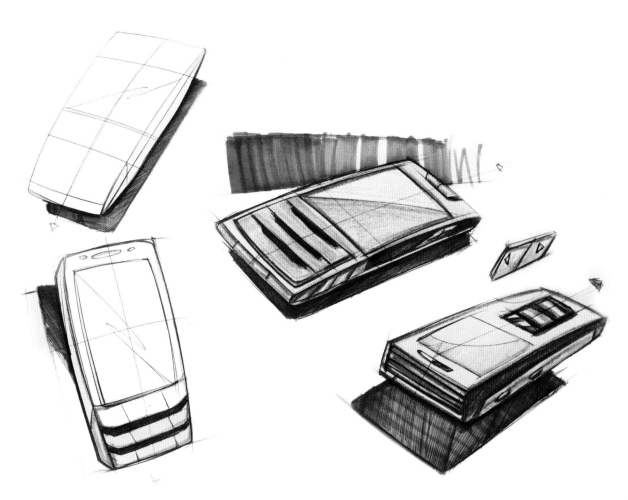

图5-6 手机表现 作者:陈宜国 工具:钢笔、马克笔 材料:复印纸

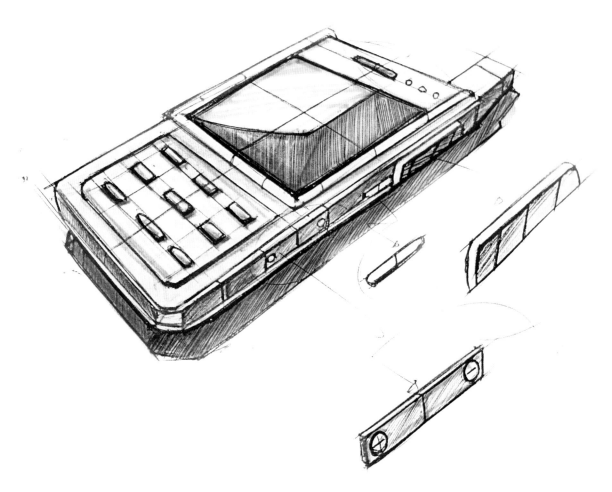

图 5-7 手机表现   作者:陈宜国   工具:炭铅笔、马克笔   材料:复印纸

图 5-8　手机爆炸图表现　作者:陈宜国　工具:炭铅笔　材料:复印纸

图 5-9　手机表现　作者:陈宜人　工具:针管笔、马克笔　材料:复印纸

图 5-10　DV 录像机表现　作者:陈宜国　工具:针管笔、马克笔　材料:复印纸

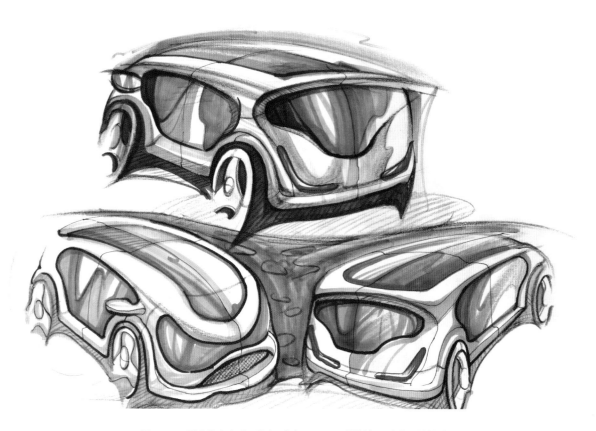

图 5-11　概念汽车表现　作者:陈宜国　工具:针管笔、马克笔　材料:复印纸

5.2　交通工具

　　绘画交通工具的第一要素就是表现出其速度感,多用硬朗的弧线表现其结构和部件,线条轻松潇洒,有轻重变化。上色也同样如此,笔触应轻松潇洒,有轻重变化(图 5-11 至图 5-19)。

图 5-12 概念汽车表现　作者:陈宜国　工具:针管笔、马克笔　材料:复印纸

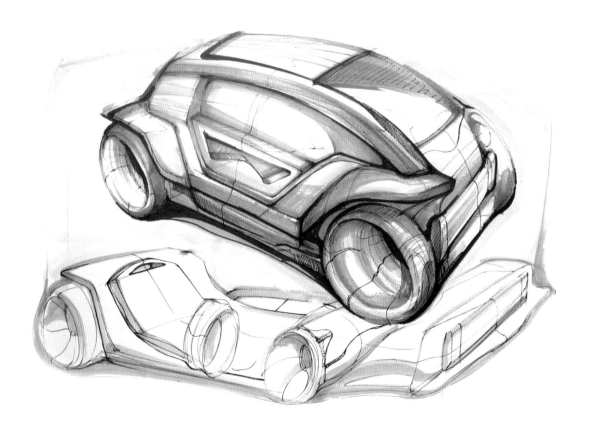

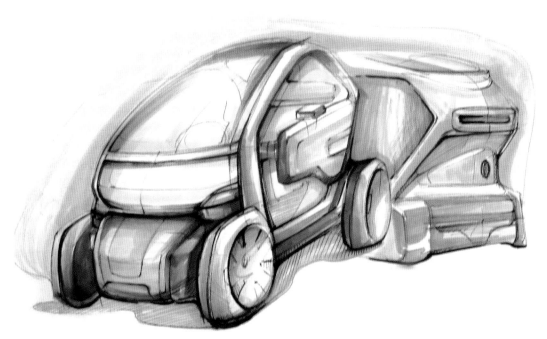

图 5-13　概念汽车表现　作者:陈宜国　工具:针管笔、马克笔　材料:复印纸

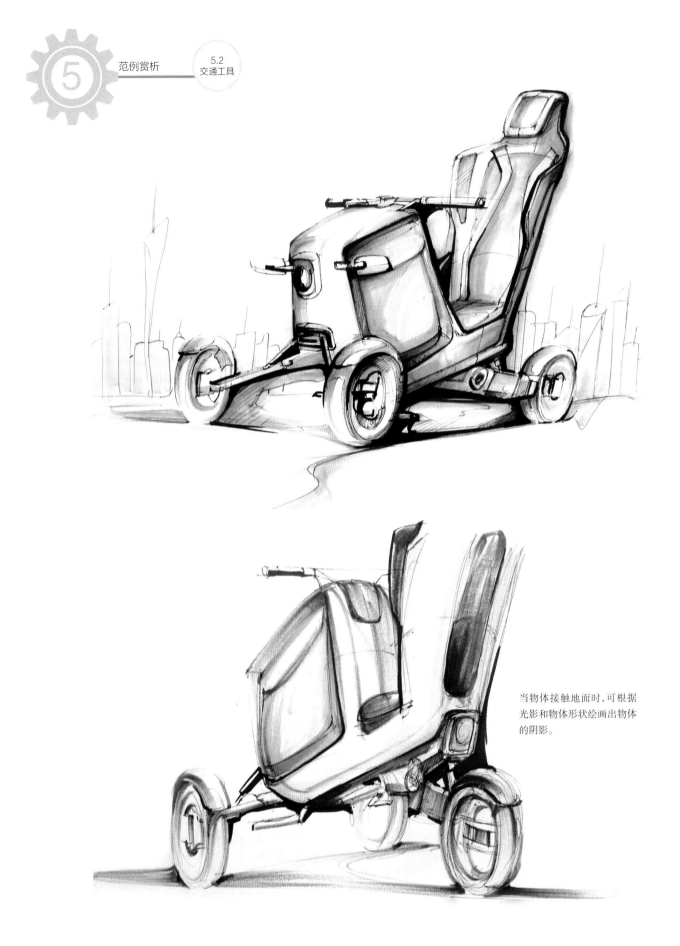

当物体接触地面时,可根据
光影和物体形状绘画出物体
的阴影。

图 5-14 概念汽车表现   作者:陈宜国   工具:炭铅笔、马克笔   材料:复印纸

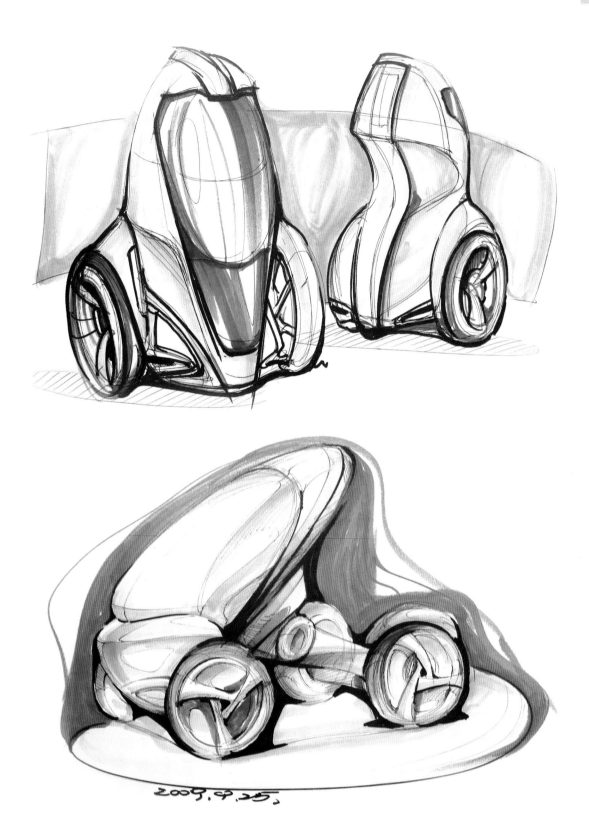

图5-15　概念汽车表现　作者:陈宜国　工具:炭铅笔、马克笔　材料:复印纸

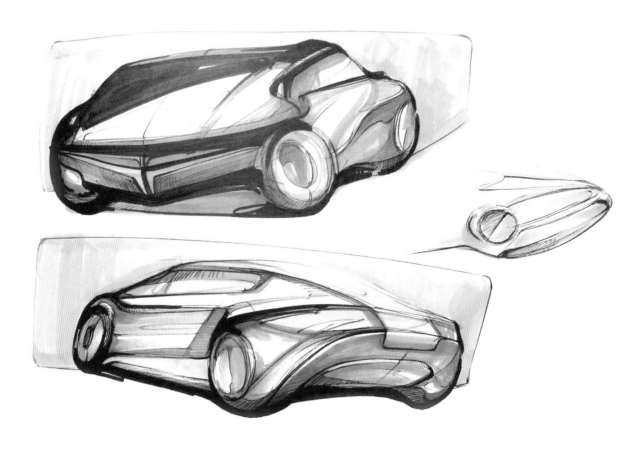

图 5-16　概念汽车表现　作者:陈宜国　工具:针管笔、马克笔　材料:复印纸

图 5-17　汽车表现　作者:陈宜国　工具:炭铅笔、马克笔　材料:复印纸

图 5-18　概念汽车表现　作者:陈宜国　工具:炭铅笔、马克笔　材料:复印纸

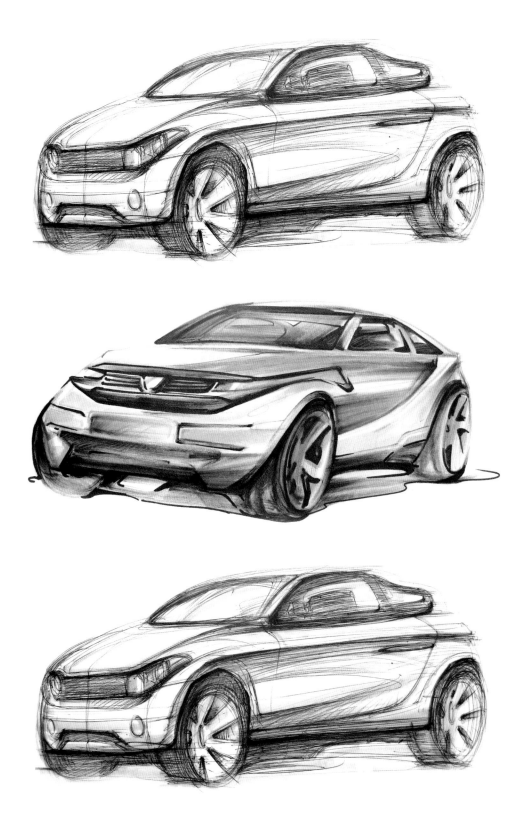

图 5-19　概念汽车表现　作者:陈宜国　工具:针管笔、马克笔　材料:复印纸

图 5-20　概念汽车表现　作者:陈宜国　工具:针管笔、马克笔　材料:复印纸

　　设计构思是通过画面艺术形象来体现的。形象在画面上的位置、大小、比例、方向的表现是建立在科学的透视规律基础上的。违背透视规律的形体与人的视觉平衡格格不入,画面就会失真,也就失去了美感的基础。因而,必须掌握透视规律,并应用其法则处理好各种形象,使画面的形体结构准确、真实、严谨、稳定(图 5-20)。

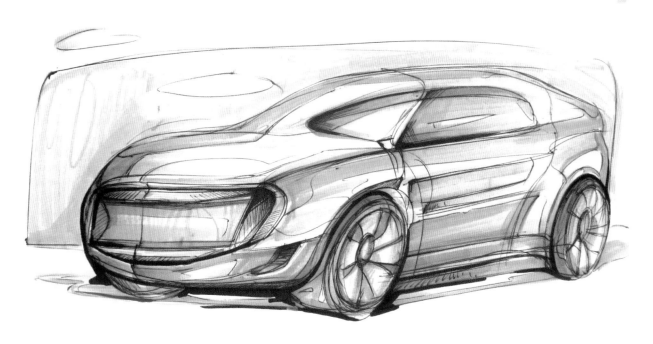

图 5-21 这张手绘以简单洒脱的
线条勾画出物体的形体、透视和结构关
系,以灰色和灰蓝色铺出物体的颜色倾
向和光影明暗关系,整幅画面干净、利
落、整体。

图 5-21　概念汽车表现　作者:陈宜国　工具:圆珠笔、马克笔　材料:复印纸

图 5-22　概念汽车表现　作者:陈宜国　工具:炭铅笔　材料:复印纸

图 5-22 这张手绘虽然还没上色,
只是以简单的线条描绘出其形体、透视
和结构关系,通过线条的疏密简单表达
物体的光影和明暗关系,但整体看起来
已经能准确表达出设计师的设计构想,
画面干净整洁、毫不含糊。

图 5-23　概念汽车表现　作者:陈宜国　工具:针管笔、马克笔　材料:复印纸

图 5-24　概念汽车表现　作者:陈宜国　工具:针管笔、马克笔　材料:复印纸

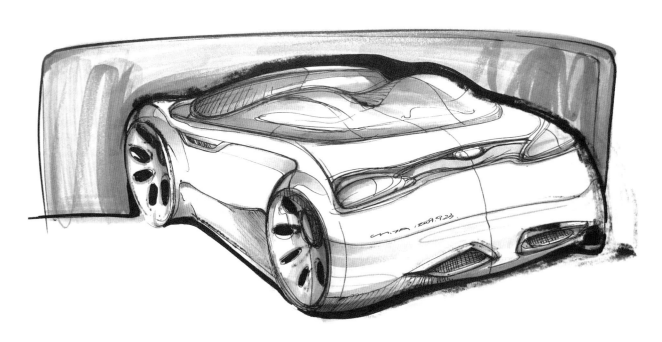

图 5-25　概念汽车表现　作者:陈宜国　工具:针管笔、马克笔　材料:复印纸

　　不同的视角表达设计构想会给人不一样的视觉冲击力,所以在绘画产品手绘时可以尝试多转换视觉表达画面(图 5-23 至图 5-28)。

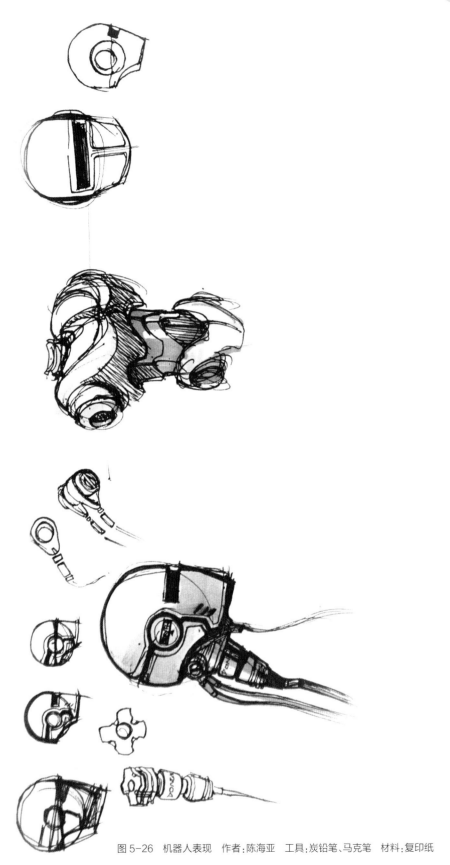

图 5-26　机器人表现　作者:陈海亚　工具:炭铅笔、马克笔　材料:复印纸

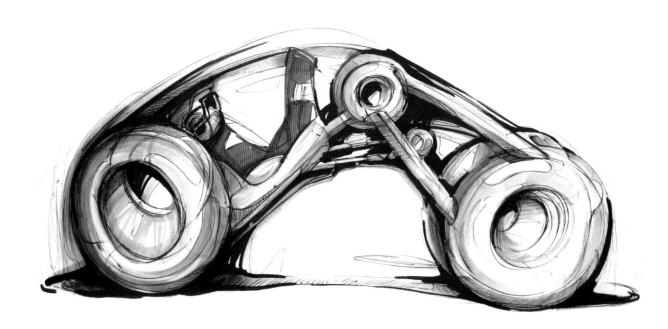

图5-27　概念摩托车表现　作者:肖彦林　工具:针管笔、马克笔　材料:复印纸

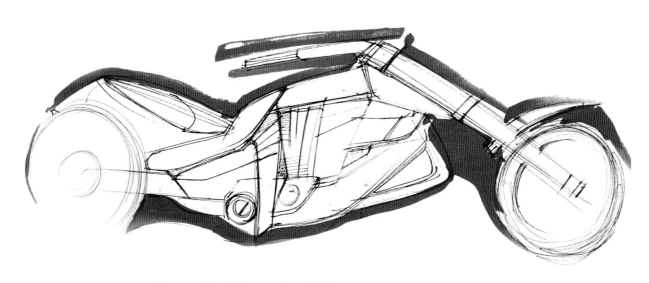

图5-28　概念摩托车表现　作者:肖彦林　工具:针管笔、马克笔　材料:复印纸

图 5-29　概念汽车表现　作者:陈海亚　工具:炭铅笔、马克笔　材料:复印纸

　　表现产品光影的方式和手法多种多样,其中采用线条加密的方式也是较常用的手法之一,这种手法的特点在于容易控制光影对比度(图 5-29 至图 5-31)。

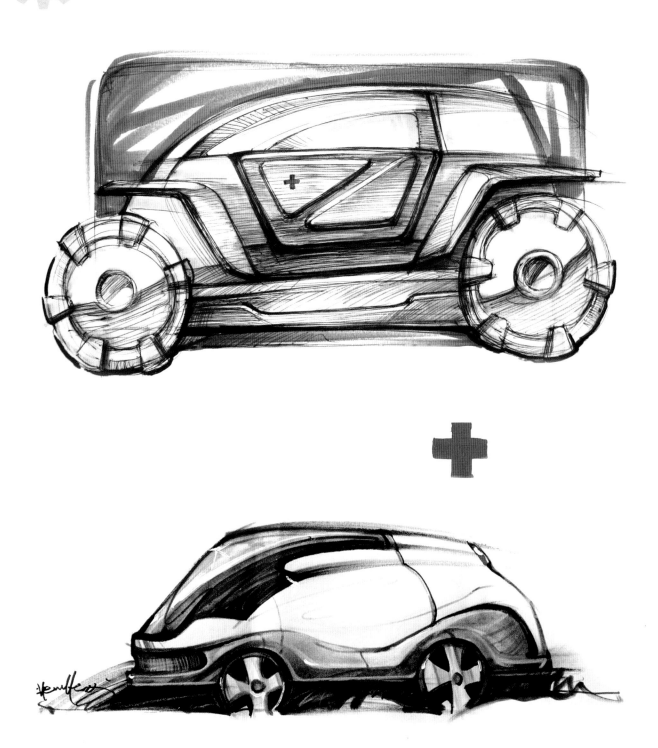

图5-30　概念汽车表现　作者:陈宜国　工具:圆珠笔、针管笔、马克笔　材料:复印纸

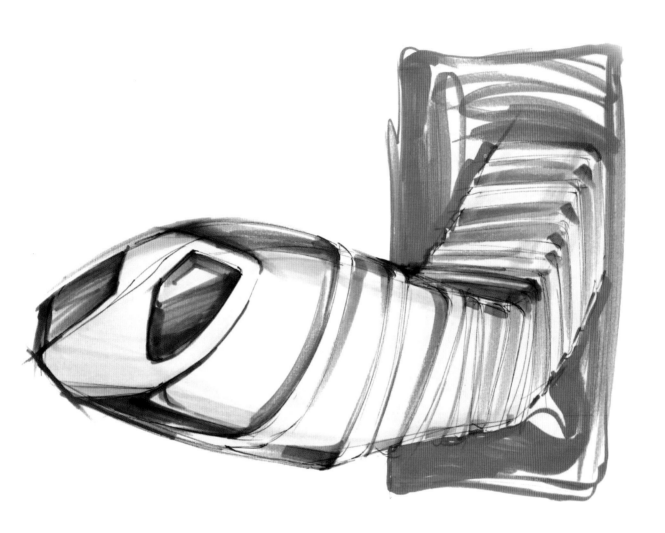

图 5-31　概念汽车表现　作者:陈宜国　工具:针管笔、马克笔　材料:复印纸

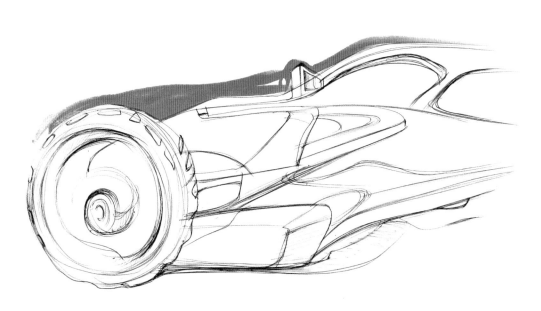

图5-32 概念汽车表现 作者:陈宜国 工具:炭铅笔、马克笔 材料:复印纸

　　好的手绘表达是一个优秀设计的开始。当然不是说好的手绘图就是漂亮的手绘预想图。有时候手绘可能是简单笨拙的笔触,但也能将自己的设计理念表达得淋漓尽致。好的手绘是将设计师的创意想法快速表达出来的一种方式(图5-32至图5-37)。

图 5-33　概念汽车表现　作者:陈宜国　工具:圆珠笔、马克笔　材料:复印纸

图 5-34　概念汽车表现　作者:陈宜国　工具:针管笔、马克笔　材料:复印纸

图 5-35　概念汽车表现　作者:陈宜国　工具:炭铅笔、马克笔　材料:复印纸

图 5-36　概念汽车表现　作者:陈宜人　工具:针管笔、马克笔　材料:复印纸

图 5-37　概念汽车表现　作者:陈宜人　工具:针管笔、马克笔　材料:复印纸

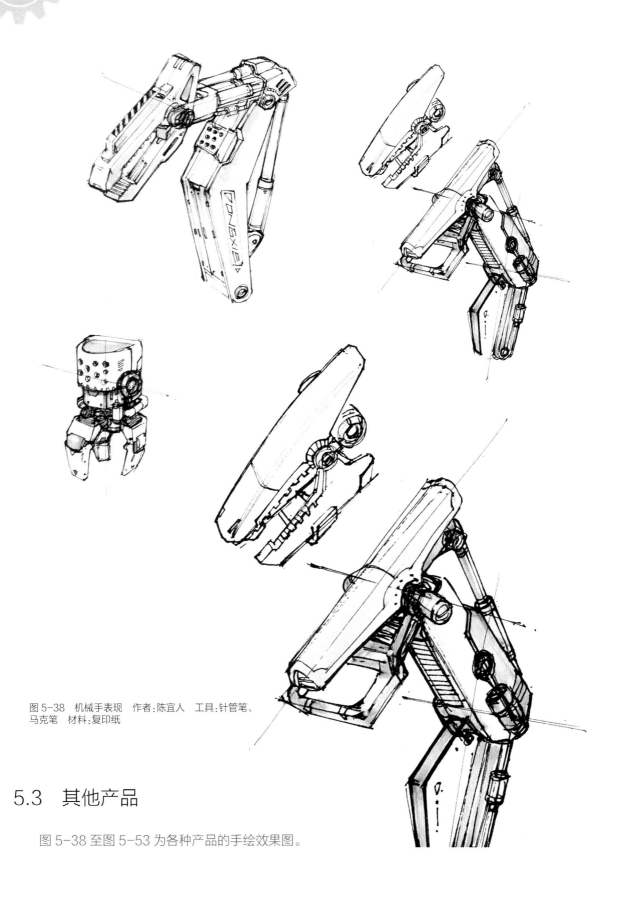

图 5-38　机械手表现　作者:陈宜人　工具:针管笔、
马克笔　材料:复印纸

5.3　其他产品

图 5-38 至图 5-53 为各种产品的手绘效果图。

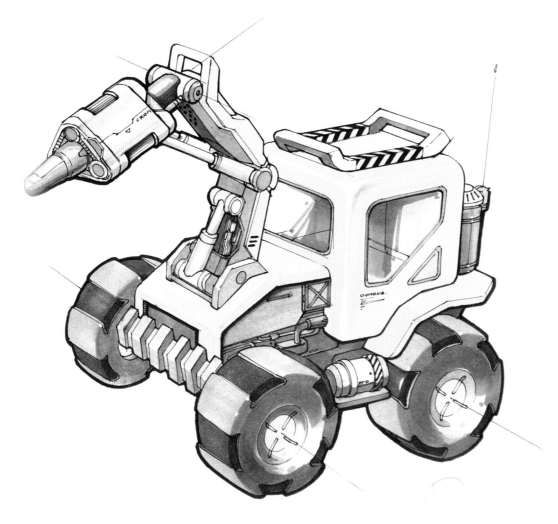

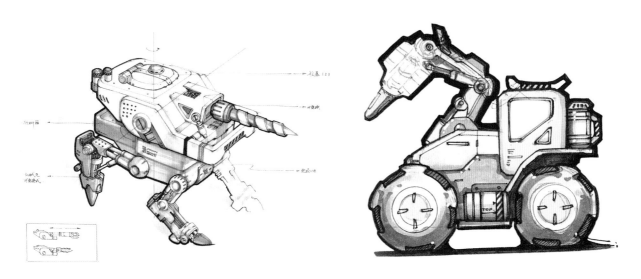

图5-39 省力工具车表现 作者:陈宜人 工具:针管笔、马克笔 材料:复印纸

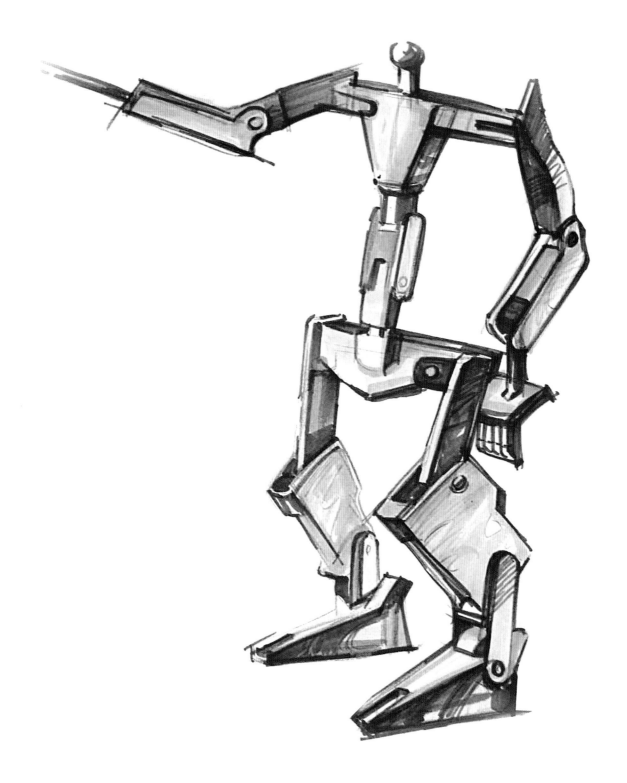

图 5-40   机器人表现   作者:陈宜人   工具:针管笔、马克笔   材料:复印纸

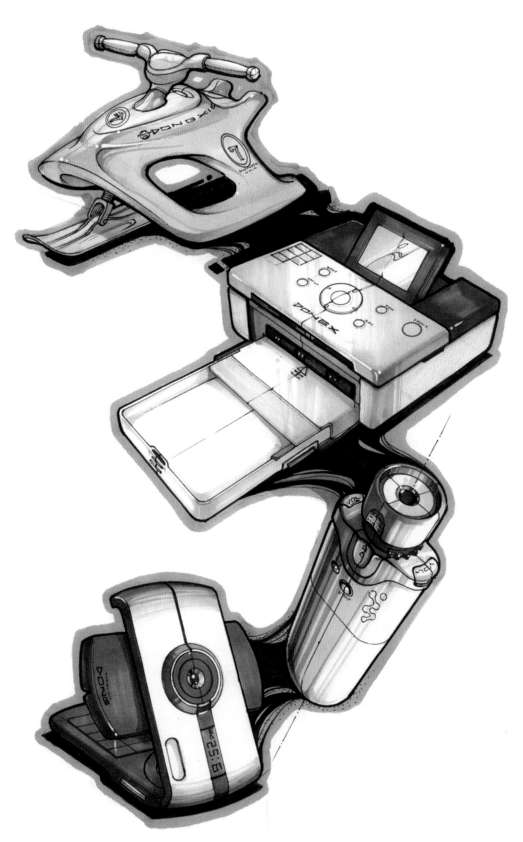

图 5-41　计算机配件手绘表现　作者:陈宜人　工具:针管笔、马克笔　材料:复印纸

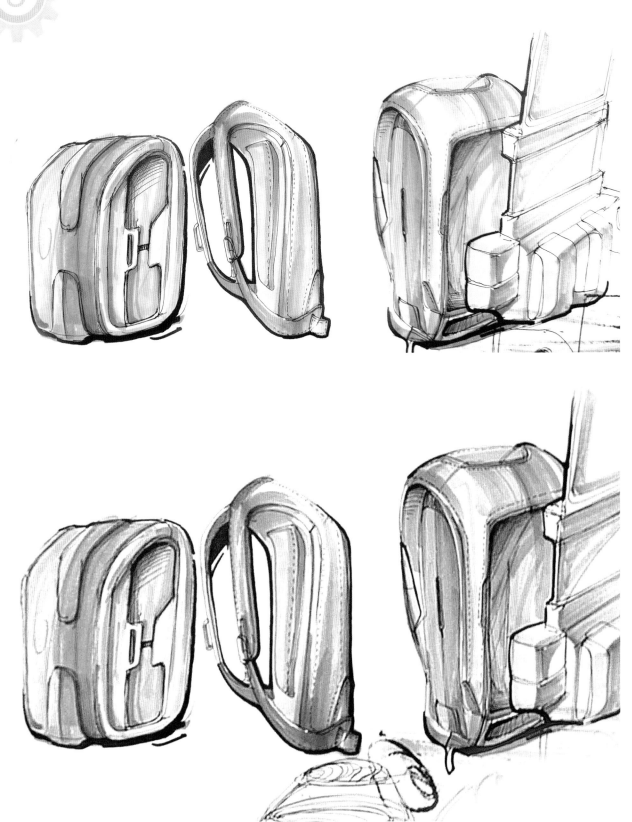

图 5-42　生活用品设计手绘表现　作者:陈宜人　工具:针管笔、马克笔　材料:复印纸

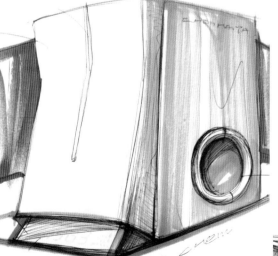

白色为主调的产品不宜过多上色,以灰色和大面积留白的方式表达出其形体结构和光影关系,加之以细小部件的颜色点缀即可。

多角度表现产品的结构形体关系,可更清晰、完整地展现出自己的设计。

图 5-43 日常用品设计手绘表现 作者:陈宜人 工具:针管笔、马克笔 材料:复印纸

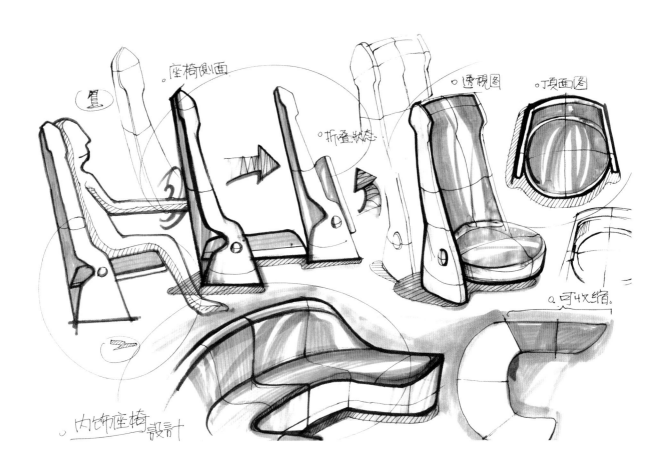

图 5-44　内饰座椅设计手绘表现　作者:陈宜人　工具:针管笔、马克笔　材料:复印纸

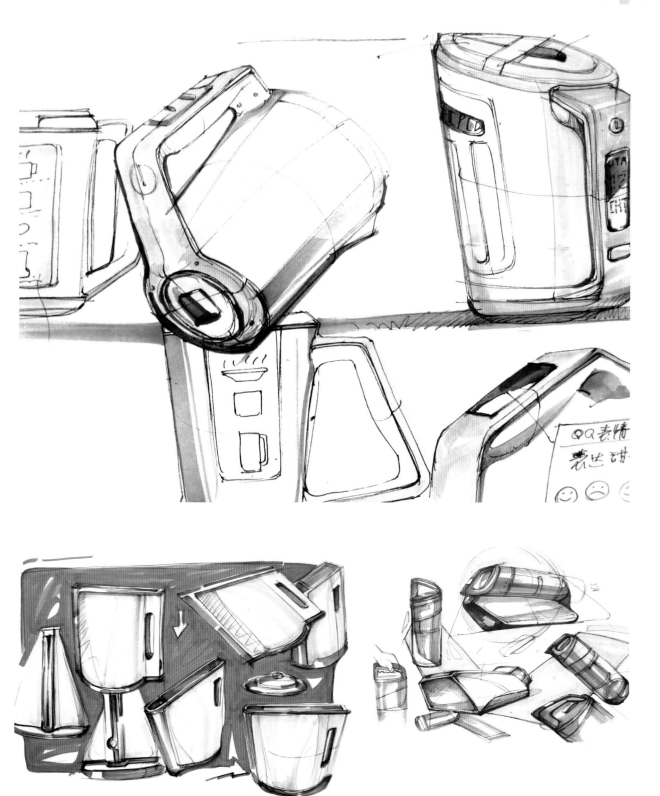

图 5-45　家电设计手绘表现　作者：陈宜人　工具：针管笔、马克笔　材料：复印纸

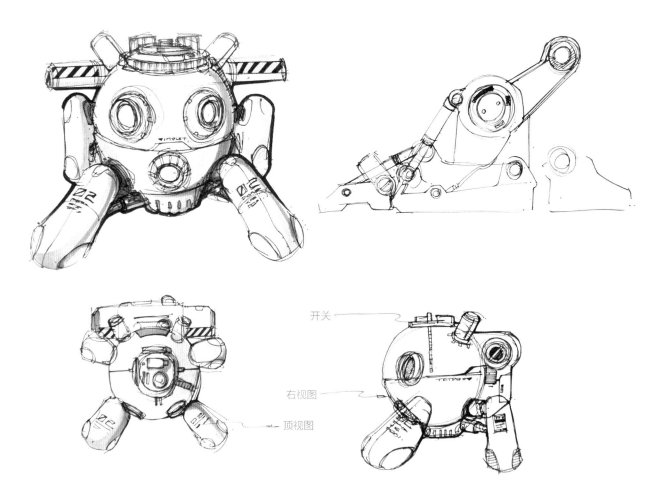

开关

右视图

顶视图

图 5-46 机器人设计手绘表现 作者:陈宜人 工具:针管笔、马克笔 材料:复印纸

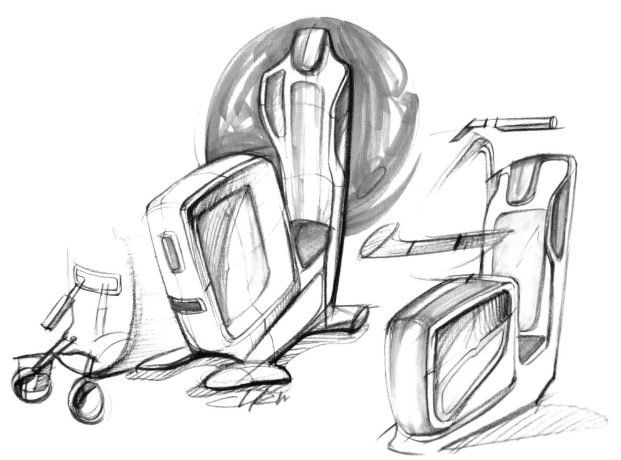

图 5-47　运动器材设计手绘表现　作者:陈宜人　工具:圆珠笔、炭铅笔、马克笔　材料:复印纸

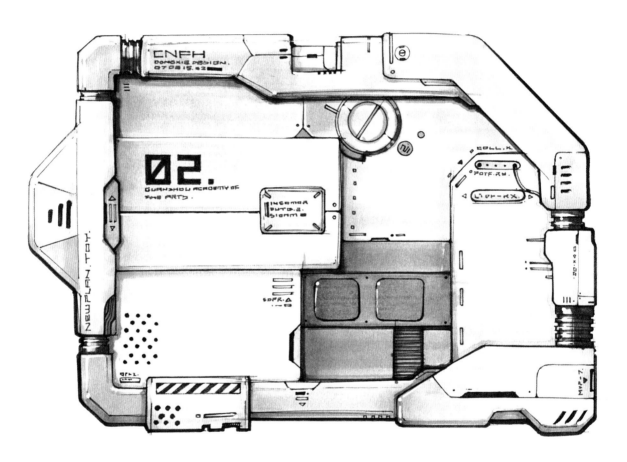

图5-48　太空船设计　作者:陈宜人　工具:针管笔、马克笔　材料:复印纸

感应翻盖式车位锁

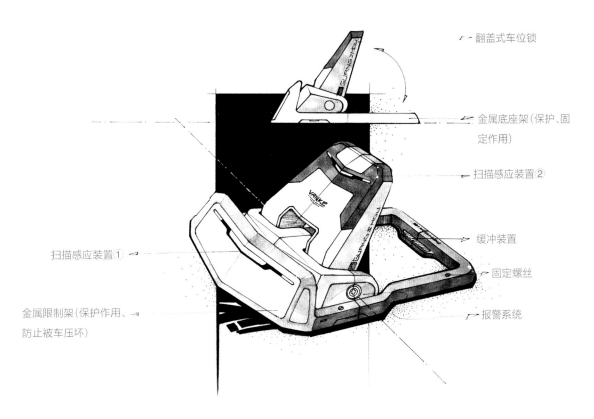

翻盖式车位锁

金属底座架(保护、固
定作用)

扫描感应装置②

缓冲装置

固定螺丝

报警系统

扫描感应装置①

金属限制架(保护作用、
防止被车压坏)

图5-49　车位锁设计手绘表现　作者:陈宜人　工具:针管笔、马克笔　材料:复印纸

图 5-50　手机设计手绘表现　作者:陈宜人　工具:针管笔、马克笔　材料:复印纸

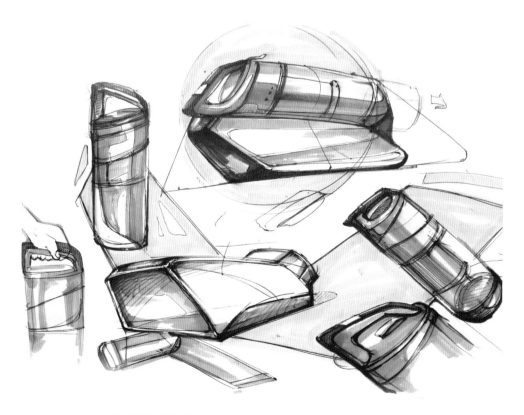

图 5-51　保温瓶设计手绘表现　作者:陈宜人　工具:针管笔、马克笔　材料:复印纸

图 5-52　打蛋机设计　作者:肖彦林　工具:针管笔、马克笔　材料:复印纸

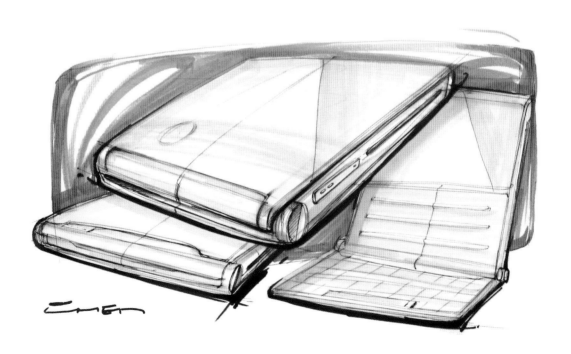

图 5-53　笔记本设计　作者:陈海亚　工具:针管笔、马克笔　材料:复印纸

参 考 文 献

[1] [荷] 库斯·艾森, 罗丝琳·斯特尔. 产品设计手绘技法. 北京: 中国青年出版社, 2009.

[2] [荷] 库斯·艾森. 产品手绘与创意表达. 北京: 中国青年出版社, 2012.

[3] 罗剑. 创意——工业设计产品手绘实录. 北京: 清华大学出版社, 2012.

[4] 张克非. 产品手绘效果图. 沈阳: 辽宁美术出版社, 2014.

后　记

　　产品设计手绘是产品设计师必须掌握的一项基本技能。本书作为学习产品设计手绘表现职业技能的参考性教材，在编写过程中咨询并听取了大量的产品设计专业教育专家和一线职业教师的意见和建议，并得到了许多有多年设计实践经验的资深产品设计师的帮助和支持，在此一并致以深深的谢意！同时也特别感谢广州番禺职业技术学院艺术设计学院全体师生对本教材编写工作的支持和参与！

　　希望本教材能够为研修产品设计专业的广大学子提供有效的引导和帮助，同时也希望各位专家和读者提出意见和建议，以便使教材质量得到不断提升！

著　者

2015 年 8 月

本书所附二维码视频列表

序号	案例名	对应页码
1	玻璃效果表现	P11
2	木材效果表现	P13
3	金属效果表现	P15
4	塑料效果表现	P17
5	上色步骤	P27